見学！日本の大企業
サントリー

編さん／こどもくらぶ

ほるぷ出版

はじめに

　会社には、社員が数名の零細企業から、何千・何万人もの社員が働くところまで、いろいろあります。社員数や資本金（会社の基礎となる資金）が多い会社を、ふつう大企業とよんでいます。

　日本の大企業の多くは、明治維新以降に日本が近代化していく過程や、第二次世界大戦後の復興、高度経済成長の時代などに誕生しました。ところが、近年の経済危機のなか、大企業でさえ、事業規模を縮小したり、ほかの会社と合併したりするなど、業績の維持にけん命です。いっぽうで、好調に業績をのばしている大企業もあります。

　企業の業績が好調な理由のひとつは、独創的な生産や販売のくふうがあって、会社がどんなに大きくなっても、それを確実に受けついでいることです。また、業績が好調な企業は、法律を守り、消費者ばかりでなく社員のことも大切にし、環境問題への取りくみや、地域社会への貢献もしっかりしています。さらに、人やものが国境をこえていきかう今日、グローバル化への対応（世界規模の取りくみ）にも積極的です。

　このシリーズでは、日本を代表する大企業を取りあげ、その成功の背景にある生産、販売、経営のくふうなどを見ていきます。

★

　みなさんは、将来、どんな会社で働きたいですか。

　大企業というだけでは安定しているといえない時代を生きるみなさんには、このシリーズをよく読んで、大企業であってもさまざまなくふうをしていかなければ生き残っていけないことをよく理解し、将来に役立ててほしいと願います。

　この巻では、酒類をはじめとした総合飲料メーカーとして大きな足跡をのこし、いまも発展をつづけるサントリーをくわしく見ていきます。

目次

1. 日本を代表する総合飲料メーカー …………… 4
2. 「やってみなはれ」 …………… 6
3. 赤玉ポートワインの誕生 …………… 8
4. 広告の天才 …………… 10
5. ウイスキーづくりの情熱 …………… 12
6. 本格ウイスキーの発売と、苦難の時代 …………… 14
7. 原酒がのこった！ …………… 16
8. 洋酒ブームと、海外展開 …………… 18
9. ビール事業に再挑戦 …………… 20
10. 水と生きるサントリー …………… 22
11. サントリーの社会活動 …………… 24
12. 清涼飲料のヒット商品 …………… 26
13. 開発にかける思い …………… 28
14. アルコールは適正に …………… 30
15. 未来に引きつぐ …………… 32

資料編❶ サントリーの歴史と商品 …………… 34
資料編❷ 「サントリー天然水」ができるまで …………… 36
● さくいん …………… 38

SUNTORY

※ 未成年（20歳未満）の飲酒は法律で禁止されている。

1 日本を代表する総合飲料メーカー

清涼飲料、ウイスキー、音楽ホールなど、いくつものイメージをもつサントリー＊1。そのどれもが、国を代表する規模と売上をほこっている。

酒類から清涼飲料に広がる

サントリーは、酒類のほか、飲料水や炭酸飲料などを製造・販売する、日本の代表的な企業です。また、世界じゅうにグループ会社をもつグローバルカンパニー（世界的企業）でもあります。とくに酒類では、いまから90年以上前に初の国産ウイスキー＊2の製造・販売をはじめてから、つねにトップの地位にあり、近年ではイギリスやアメリカなどのウイスキーの本場でおこなわれる、国際的なコンクールで1等を受賞するなど、高い評価をえています。酒類をはじめとした食品類で、原料を調達することから、製造と販売、さらに品質チェックまで一貫して自社でおこなっています。

現在の事業分野は大きく3つにわけられています。食品と酒類で全体の売上の約87％をしめ、そのほかに、健康食品、外食や花などの事業があります。また、芸術文化振興、社会福祉やスポーツなどの社会活動もおこなっています。代表的なふたつの部門の内容は以下のとおりです。

● 食品関連事業

ナチュラルミネラルウォーター（→p23）、コーヒー、緑茶、ウーロン茶、炭酸飲料、トクホ＊3飲料などの清涼飲料から、長年の食の科学的研究やバイオテクノロジー技術＊4などを生かした健康食品まで、さまざまな商品を消費者に提供している。海外でも、ヨーロッパ、アメリカ、アジア、オセアニアへと、積極的に事業を拡大している。

SUNTORY

▲サントリーの現在のロゴの色は、ウォーターブルー（水の青）。事業のもととなる水を大切にし、水のようにしなやかに躍動し、成長をつづける企業でありたいとの願いがこめられている。

＊1 サントリーは2009（平成21）年4月から、「サントリーホールディングス株式会社」として、持株会社（ほかの会社の株式を所有して、支配力をもつ会社）に移行した。現在その下に、「サントリー食品インターナショナル株式会社」「ビーム サントリー」など、およそ300社をおさめている。

＊2 ウイスキーは、麦やトウモロコシを原料として糖化・発酵ののちに蒸溜をおこない、木製のたるで貯蔵・熟成させてできる酒。

＊3 厚生労働省が認可する、特定保健用食品のこと。からだの生理的な機能などに影響をあたえる保健機能成分をふくむとされる食品。

＊4 生物のおこなう化学反応、あるいはその機能を、さまざまな物質の生産、医療、品種改良などに応用する技術。

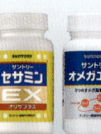

▼日本国内で製造・販売しているおもな飲料・食品。このほかに、国外で生産・販売する製品もある。

見学！日本の大企業 **サントリー**

▶日本国内で製造・販売しているおもな酒類製品。このほかに、国外で生産・販売するものもある。

● 酒類関連事業

1899（明治32）年にぶどう酒の製造・販売で創業して以来、日本初の本格国産ウイスキーや、生ビールなど、つねに新しい事業展開をおこない、消費者に多彩な商品をとどけている。また海外の名門ウイスキーメーカーを買収したり、ヨーロッパでワインづくりのための農場を経営したりするなど、世界的な視野にたつビジネスを進めている。

水と自然のめぐみをとどける企業

サントリーでは、2005（平成17）年から「水と生きるSUNTORY」をコーポレートメッセージ[*1]としています。創業以来、良質な水からウイスキーやビール、お茶やコーヒーなどの飲料を製造して消費者にとどけてきた企業として、地球の貴重な水と、水をはぐくむ環境を守ることが企業の使命と考えています。現在、水を守る活動として、「天然水の森」活動（→p23）や、「愛鳥活動」などの、自然環境を積極的に保護する取りくみでも広く知られています。

*1 企業が社会に対してはたそうとするメッセージを、簡潔なことばで表現したもの。

▼山梨県・白州蒸溜所（→p22）に1973（昭和48）年、民間企業としてはじめてバードサンクチュアリ（野鳥の聖域）をもうけた。現在も、野鳥観察や巣箱づくりなどがおこなわれている。

会社の価値観としての利益三分主義

サントリーは、音楽や芸術などの文化活動、またスポーツの後援を積極的におこなうことでも知られています。それは、創業者の鳥井信治郎がとなえた利益三分主義（→p7）をかたちにしたものであり、企業の利益を社会に役立つ活動に活用することで、社会とともに生きようとする会社の価値観となっています。1983（昭和58）年からはじまった「サントリー1万人の第九」は、年末の恒例となっているベートーベン作曲の交響曲第9番を、1万人のコーラスで演奏するものです。みずからが「第九」のファンだった当時の社長・佐治敬三がスポンサー[*2]を申しでて以来、サントリーは30年以上この演奏会を後援しつづけています。

▲2013（平成25）年12月1日に大阪の大阪城ホールでおこなわれた、「サントリー1万人の第九」の演奏会のようす。

*2 資金を出す個人や企業などのこと。

2 「やってみなはれ」

サントリーの創業者、鳥井信治郎は、2014（平成26）年に創業115周年をむかえた企業の歴史のうち、60年あまりを社長として、うつりかわる時代のなかで会社をひきいてきた。その根底にはいつも「やってみなはれ」の精神があった。

ぶどう酒との出あい

　サントリーの創業者、鳥井信治郎が生まれたのは1879（明治12）年1月30日。父親は江戸時代（1603～1868年）から商人の町としてさかえた大阪で、金銭の両替や貸し付けなど、いまの銀行の機能をはたす両替商をしていました。1892（明治25）年、信治郎は13歳のとき薬問屋の小西儀助商店で奉公*をはじめますが、そこで人生を決めることになる、ぶどう酒やウイスキーなどの洋酒と出あいます。小西儀助商店では薬だけでなく、洋酒の輸入もしていたのです。信治郎ははたらきながら洋酒の知識やつくり方を身につけ、びみょうな味や香りをかぎわける舌と鼻をやしなったといいます。

*商店などに住みこんで、家事や家業に従事すること。

「やってみなはれ」の精神

　のちに商人として独立するとき、小西儀助商店がおもに取りあつかっていた薬ではなく、ぶどう酒に目をつけたのは、信治郎がかなり進んだ考え方をしていたことを示していました。ぶどう酒を販売することで、西洋風の生活様式が広まりつつあった当時の日本に、新しい価値や新しい文化をつくりだそうとしたのです。しかし、それがもとで、信治郎は独立してから何度も苦難を味わうことになりますが、その姿勢を決してまげることはありませんでした。そのころの信治郎の口ぐせといわれるのが、「やってみなはれ」。「ためしてごらんなさい」の大阪弁のいい方ですが、人のやらないことや新しいことに挑戦し、さまざまな価値を創造しようという精神は、のちにサントリーの企業としての経営方針につながっていきました。

▲サントリーの創業者、鳥井信治郎。

▲現在ものこる、旧小西儀助商店の建物。

見学！日本の大企業 **サントリー**

▲「向獅子印甘味葡萄酒」のラベル。向かいあった獅子（ライオン）がデザインされている。

ないました。そんななか信治郎は、知人から紹介してもらったスペイン産のぶどう酒に感激し、さっそくその商品を輸入して販売しましたが、さっぱり売れません。本場のぶどう酒は当時の日本人には酸味がつよすぎました。そこでスペイン産のぶどう酒を日本人の舌にあわせるためにくふうをかさね、1906（明治39）年に「向獅子印甘味葡萄酒」を発売。これを主力商品として、信治郎は店の名まえを「寿屋洋酒店」*とあらため、本格的に洋酒の商売をはじめました。

*信治郎は、酒は百薬の長（どのような薬にもまさる）と考え、長寿の薬としての酒づくりを使命とし、そこから「寿」という文字をとって店名とした。その後、1921（大正10）年に株式会社寿屋（本書では以降「寿屋」）となり、1963（昭和38）年にサントリー株式会社へと名称変更した。

自分の店をもつ

小西儀助商店と、絵の具などをあつかう別の商店で合計7年間はたらいたのち、1899（明治32）年2月、信治郎は20歳で独立。サントリーの原点となる「鳥井商店」をたちあげて、おもにぶどう酒の製造・販売を手がけました。商品は、ヨーロッパから輸入したぶどう酒に、日本人の口にあうように甘みや香りをくわえたものでした。商店といっても従業員は少なかったため、貿易の交渉やびん詰め、荷車での運搬までみずからおこ

▼明治時代なかばごろの、大阪のまちのにぎわい。

サントリー ミニ事典

信仰心と利益三分主義

信治郎はおさないとき、信仰心のあつい母親につれられて神社や寺におまいりに行き、まずしい人に金銭のほどこしをすることを学んだ。この姿勢は生涯つづき、他人に対する思いやりと社会奉仕への思いから、寺社などへ金銭や物品を寄付することや、個人に対して匿名の金銭の支援などもおこなった。商売がうまくいくことを願って、信治郎は工場のさまざまな場所に神棚をまつったり、社長室には仏壇をおいて、毎月僧侶にお経をあげてもらったりした。また信治郎は、事業で得た利益を社会に還元することにも熱心だった。サントリーでは現在でも、「利益三分主義」が経営の姿勢として重要視されているが、それは、利益を、「事業への再投資」「顧客に対するサービス」、そして、「社会への貢献」に役立てたいという、信治郎の精神を受けついだものだ。

7

3 赤玉ポートワインの誕生

「赤玉ポートワイン」は、鳥井信治郎の研究と努力の結晶として生まれた。
日の丸をイメージしたネーミングとラベルデザインは、
洋酒を日本の文化に根づかせようとする信治郎の意気ごみに
あふれたものであり、売上は順調にのびていった。

新製品のネーミング

　1906（明治39）年に「向獅子印甘味葡萄酒」を寿屋の主力商品とした(→p7)信治郎でしたが、なかなか売上はのびませんでした。そこで信治郎は、甘みや香りをくふうして、日本人のこのみにあった理想の風味を研究しました。最終的にひとつの味にたどりついた信治郎は、商品名にもくふうをこらすことを考えます。商品を売るには名前と包装も重要であることを、信治郎は理解していました。

　そんなとき、外国の香水のびんに小さな赤丸がついているのを見た信治郎はひらめきました。「日本は太陽の国。赤くて大きな日の丸であれば、だれでも親しみをおぼえるだろう」。ラベルに赤い玉をつけた新製品は、「赤玉ポートワイン」と名づけられました。

「赤玉ポートワイン」の発売

　1907（明治40）年に「赤玉ポートワイン」の販売をはじめた信治郎には、「本場のポートワイン*とは味も香りも色もちがうかもしれない。しかしこの酒は世界のどこにもない日本のぶどう酒だ」という、ひとつの信念がありました。「赤玉ポートワイン」は商品名だけでなく、赤い色もふくめて、日本人の心にうったえようとするものでした。

　信治郎はその年の8月に新聞広告を出しました。それを見た同業者は、「たかがぶどう酒を売りだすのに、費用のかかる新聞広告など出したら店がつぶれてしまう」といったといいます。しかし、信治郎は広告の重要性にもはやくから注目し

＊ポルトガルでつくられる甘口ワイン。

▶▶寿屋の第1号新聞広告（右）と、1909（明治42）年の「赤玉新聞広告」（上）。

◀発売当時のデザインのラベルがついた「赤玉ポートワイン」。

見学！日本の大企業 **サントリー**

◀最初の店から移転した、大阪市東区住吉町の寿屋店舗前にならんだ従業員（1914年ごろ）。前列右から3番目は、信治郎の長男、吉太郎。左に「赤玉ポートワイン」の木箱が積みあげられている。

ていました。このころぶどう酒は薬用酒として売られることが多く、「赤玉ポートワイン」も薬用の効能があることを広告にくわえました。1911（明治44）年5月の新聞広告には、「滋養*になる一番よき 天然甘味 薬用葡萄酒!! 赤玉ポートワイン」とうたいあげ、病気をふせいで健康をたもつのに役立つことをつたえるため、何人もの医学博士の推薦があることをうったえました。

＊身体の栄養となること。

関西から関東へ販路を広げる

「赤玉ポートワイン」を発売してから、信治郎はさまざまな方法で宣伝につとめました。しかし、宣伝には費用がかかり、経営は楽ではありませんでした。販路を広げるために、1912（大正元）年になると、大阪における酒類食糧品の大手問屋、祭原商店と取引をはじめました。祭原商店にとって寿屋は小さな製造会社のひとつにすぎませんでしたが、信治郎の熱心さと、商品の品質のよさをみこんで寿屋を信用してくれました。これによって関西地区に販売網を確保することができました。さらに、その後関東地区への進出をめざして、東京の有力な酒類問屋と契約をかわすことができました。そのころから「赤玉ポートワイン」は、順調に売れ行きをのばしていきました。

この当時、大正時代のはじめごろには、従業員は十数人にふえていました。そこで店を大阪市内の別の地区に移転し、1919（大正8）年には大阪の港湾地区に工場を建設して、本格的な量産体制をととのえました。この工場では「赤玉ポートワイン」を月に5000ダース（6万本）生産しましたが、売れ行き好調のため、翌年には月に2万ダース（24万本）の生産体制となりました。

サントリー ミニ事典

鳥井信治郎はハイカラな「大将」!?

信治郎は、父親から受けついだ商売の才能にくわえて、「ハイカラ」もの（西洋風でしゃれたもの）を追いもとめる精神をもっていた。それは、「やってみなはれ」のことばに象徴されるように、ときには冒険心にあふれたものだったが、その裏には、ほかの人よりつねに一歩前を進むような精神が息づいていた。

いっぽうで、信治郎はいつも商売の心をわすれなかった。1921（大正10）年に寿屋を株式会社にしたとき、「社長のことは主人、または大将とよぶように」という通達を社員に出した。それは、社長とよばれていい気になっているような経営者では、顧客も気分が悪いかもしれない、個人商店のときの思いをわすれないことで、社員にも商売の基本である、顧客を大事にする精神をわすれてほしくないということ、いいかえれば、消費者を第一とする姿勢だった。

4 広告の天才

鳥井信治郎は、寿屋の創業初期から宣伝・広告に力を入れてきた。広告の手法には、日本初のものも多くあり、その後の企業広告の手本となっていった。そのような宣伝をおこなうために、信治郎は才能あふれる人材をあつめた。

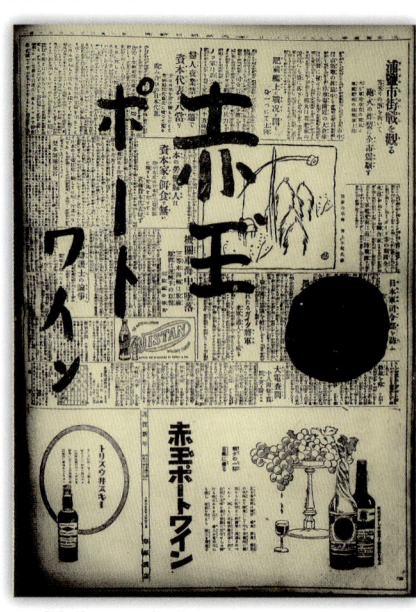

▶新聞の全面広告。手書きの文字が書かれていた。

アイデアでおどろかす

「赤玉ポートワイン」は発売してからじょじょに世の中に受けいれられていきましたが、それでもそのころは、お酒といえばまだまだ日本酒の時代でした。信治郎は商品を売るにあたって、消費者に情報をつたえて購買意欲を高めるためには広告が重要な役割をはたすことを理解していました。そのために信治郎は、ある製菓会社から、天才といわれたコピーライター[*1]の片岡敏郎をまねき、画家でデザイナーの井上木它などをくわえた宣伝部を組織しました。片岡たちのアイデアで世間をおどろかせたものがいくつもあり、この時期はのちに宣伝部の第一次黄金時代といわれました。

●新聞全面広告

1920（大正9）年1月11日に大阪で配布された各新聞に掲載された全面広告に、読者はびっくりしました。社会面のページいっぱいに「赤玉ポートワイン」という筆書きの文字があったのだ。子どものいたずら書きだと思った読者から新聞社に抗議が殺到した。意表をついたキャンペーン広告に対する大きな反響に、寿屋の宣伝部は大いにわいたが、新聞社からは苦情がつたえられたため、これ以降、このようなキャンペーンはとりやめになった。しかし、商品を印象づけたという点では大成功だった。

●サイドカーで全国をまわる

片岡のアイデアのひとつに、ほうろう[*2]でつくった白地の看板に、赤玉の模様と、黒で「滋養　赤玉ポートワイン」などと文字を書きいれ、商店ののき先につるせるようにしたものがあった。これを2万枚製造して、北海道から九州までの小売店に配布した。さらに看板をつるために、赤い色のサイドカーを4台買いいれて、赤玉看板班として

▼当時の宣伝部の作業のようす。

*1 広告文をつくる人。
*2 鉄などの金属の素地にうわぐすりをぬって焼き、ガラス質にかえて表面をおおったもの。食器、調理器、浴槽などのほか、屋外の看板などにつかわれる。

見学！日本の大企業 **サントリー**

◀▼赤玉看板班のサイドカー（左）と、ほうろう製の看板（下）。

全国をまわらせた。まわりながら宣伝ビラをまいて、そのなかに「赤玉ポートワイン」の引換券などもふくめた。

赤玉楽劇座を結成

寿屋の宣伝活動で意表をついたものに、1922（大正11）年の「赤玉楽劇座」と名づけたオペラ団の結成がありました。このオペラ団は、「赤玉ポートワイン」の販売店主や一般の人びと向けに、全国をまわって興行[*1]しました。その当時の日本では、東京・浅草のオペラ劇や、関西の宝塚少女歌劇団が人気となっていましたが、企業がオペラ団をもつことは異例でした。かなりの費用がかかりましたが、それでも楽劇座は1年間つづきました。信治郎はのちにこのオペラ団について、「ぶどう酒もウイスキーも外国のもので、日本人にすかれるためには、酒の色や風味だけでなく、異国情緒[*2]のふんいきを強調しなければならない。赤玉などの酒もオペラと同様に外国からつたえられたものなので、性質がにている部分がある」とのべました。

ポスターが世間の話題に

赤玉楽劇座の興行以上に、同じ時期に世間をおどろかせたものに、「赤玉ポートワイン」の美人ポスターがありました。信治郎の承認のもとで、宣伝部の片岡と井上が、楽劇座出身の松島栄美子をつかってつくったポスターで、撮影には6日間かけられたといいます。色あざやかなポートワインのグラスを手にもってほほえみかける女性が、両方の肩を出しているというデザインは、当時としては考えられないほど斬新で、世間の話題をあつめました。若さの魅力を限界まであらわしながらも、いやらしさを感じさせないところにこのポスターの特長があり、これもまた「やってみなはれ」の精神のあらわれといえました。もし警察にとがめられたら、会社の損失となりかねないものでしたが、結局、警察からは何もいわれませんでした。ポスターはその後ドイツでおこなわれた世界ポスター品評会で1等に入選し、寿屋の宣伝部が生みだした傑作として、のちのちまでも語りつがれるものとなりました。

*1 客をあつめ、入場料をとって演劇や見世物などをもよおすこと。
*2 外国らしい景色や品物などに接して、感じられる気分やふんいき。

▶大反響をまきおこした、「赤玉ポートワイン」の美人ポスター。

▼赤玉楽劇座の舞台風景。

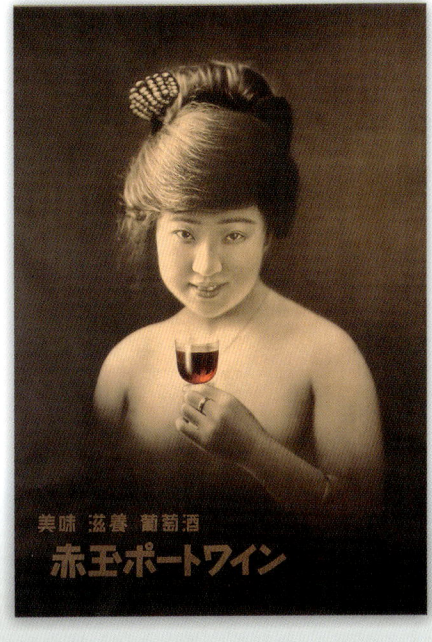

5 ウイスキーづくりの情熱

鳥井信治郎には、20歳で商売をはじめたころから、日本で本格的なウイスキーをつくりたいという夢があった。いくつかの困難と出あいをへて、45歳のときにようやくウイスキー工場を完成させた。しかし、それは会社にとってあらたな試練のはじまりだった。

偶然から生まれた

1911（明治44）年、「赤玉ポートワイン」の販売促進に取りくんでいたころのあるとき、古いぶどう酒のたるにつめて倉庫で保存されていたリキュール[*1]用アルコールを取りだしてみたところ、熟成して、まろやかで香りのよい味に変化していました。ひと口味わった信治郎は、「いけるやないか」とつぶやき、1919（大正8）年、「トリスウイスキー」として発売しました。味のよさで好評でしたが、もともと偶然にできたものだったため、すぐに売りきれてしまいました。しかし、この経験をもとに、信治郎はウイスキーづくりの夢をさらにふくらませ、日本人がウイスキーを飲む時代がかならず来ると思い、日本人のためのウイスキーを日本人の手によってつくりたいと考えました。

*1 リキュールは、混成酒の一種。アルコールなどに果実や甘味料、香料などをくわえてつくる。

夢のスタート

1923（大正12）年10月1日、関東大震災[*2]からわずか1か月後、信治郎はウイスキーづくりのため、日本初の本格ウイスキー蒸溜所の建設をはじめました。彼の考え方を理解していた役員たちも、はじめは全員がこれに反対しました。当時ウイスキーづくりは、地質、気候、水質などの条件がそろった、イギリスのスコットランド地方以外では不可能だといわれていました。さらに、ウイスキーはその性質上、たるにつめて何年も熟成させてから販売されるものであり、それは、最初のウイスキーを発売するまでの数年間は利益があがらないことを意味しました。そして、どのような味になるかも保証されないのです。信治郎は、売れ行きが好調な「赤玉ポートワイン」でえられた利益をそこにつぎこむつもりでした。それは、寿屋にとって試練の期間となりました。

*2 神奈川県相模湾を震源として発生した、マグニチュード7.9の大地震。東京を中心に大きな被害がもたらされた。

▼「トリスウイスキー」のポスター（1919年）。

見学！日本の大企業 **サントリー**

▲▲ 3本の川が合流する山崎の地の航空写真（左。1965年ごろ）と、山崎工場の麦芽乾燥塔（上。1937年）。

●ポットスチルによる蒸溜のしくみ

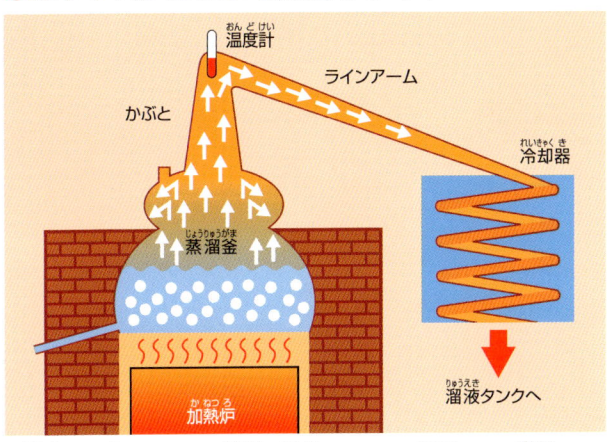

▲麦芽にお湯をくわえた麦汁に酵母をくわえて発酵させた原液から、水とアルコールの沸点のちがいを利用し、アルコールや香りの成分を取りだすことで、ウイスキー原酒がつくられる。

山崎の地を見つける

信治郎は蒸溜所を建設する土地をさがして日本じゅうをめぐり、ここはと思った土地の水と、自然条件についてまとめた報告書をスコットランドにおくって、ウイスキーの専門家に鑑定してもらいました。その結果最終候補にのこったのが、京都盆地と大阪平野をむすぶ地点にあたる、京都郊外山崎の地でした。この地は、北にそびえる天王山を背景に、桂川、宇治川、木津川の3つの河川が合流するために、しめっぽく、濃霧がよく発生し、山から良質な地下水がわき出ることなどが、スコットランド地方の風土とよくにた環境でした。その後、スコットランドの専門家から、ウイスキー製造に適した土地であるとの評価を受けました。建設がはじまったのは、1923（大正12）年10月のことでした。

日本人の技術者

工場を建設するにあたって、スコットランドから技術者をまねこうと考えていたとき、現地に留学してスコッチウイスキー*1の製造法を学んだ日本人技術者がいることがわかりました。信治郎はその技術者、竹鶴政孝*2をやといいれました。信

治郎は竹鶴に、工場の建設をまかせました。工場の各施設は、竹鶴が留学したときのメモにしたがって再現されました。銅製の釜である蒸溜器（ポットスチル）は、大阪の銅鉄工所で製作されて運ばれました。着工から約1年後に工場は完成し、ウイスキーの製造がはじまりましたが、この後数年間、収穫された大麦が毎年工場に入っていくだけで、何も製品が出てきません。じつは製造にたずさわっている人たちも、いつになったら製品になるのかわかりませんでした。マスターブレンダー*3をかねていた信治郎は、周囲から何度も発売をうながされましたが、自分の鼻と味覚をたよりに、完成品をめざしてじっくりとブレンドをくりかえしていました。

*1 イギリス・スコットランド地方で製造されるウイスキーのこと。
*2 竹鶴はのちに独立して、日本におけるもうひとつの有力ウイスキーメーカーである、ニッカウヰスキーを設立した。
*3 マスターブレンダーとは、味や香りをよくするために、種類のことなるウイスキー原酒をまぜ合わせる（ブレンドする）作業の責任者。

▼山崎工場に取りつけられたウイスキー蒸溜釜。直径3.4m、高さ5.1m、重さ約2tという大きさだった。

13

6 本格ウイスキーの発売と、苦難の時代

ウイスキーづくりの夢はかなったが、発売した製品は最初は売れなかった。多角化によって資金をおぎなおうとしたが、寿屋の困難な状況はつづいた。

待ちに待った「白札」の発売

1929（昭和4）年4月、山崎工場建設開始から5年たって、ようやく本格国産ウイスキー第1号の「サントリーウイスキー白札」が発売されました。鳥井信治郎は、本場のスコッチウイスキーとほぼ同じ価格にして、輸入ものに負けないとの意気ごみを示しました。「サントリー」はのちに社名にもなりますが、そのネーミングにも信治郎の思いがあふれていました。寿屋の売上をささえる「赤玉ポートワイン」が象徴する太陽（英語でsun）に、鳥井のカタカナ読み「トリイ」とつづけたものでした。しかし「白札」は、発売当初「こげくさくて飲めない」などといわれ、当時の日本人には受けいれられませんでした。もともとウイスキーは、製造工程でピート（泥炭）といわれる燃料で大麦をいぶして香りをつけるものですが、本場スコットランドそのままの味は日本人には理解されなかったのです。工場の操業開始からの資金不足につづいた売れ行き不振のために、1931（昭和6）年は原酒のしこみができないほど追いこまれましたが、信治郎は日本人の味覚にあうウイスキーづくりをめざし、ブレンドをくりかえしました。

◀ 日本における本格国産ウイスキー第1号の「サントリーウイスキー白札」。

多角経営で会社をささえる

山崎工場でウイスキーをしこんでいた時期に、「赤玉ポートワイン」の売上だけにたよる状況をさけるため、寿屋は、酒類以外のものをふくめたさまざまな製品を発売しました。

● 「スモカ」が人気商品に

タバコをすう人のための半練り*歯みがき粉「スモカ」は、粉状の歯みがき粉がほとんどだったこの当時、つかいやすく、歯についたタバコのヤニをよく取るということで人気となり、売上に貢献した。しかし、ウイスキーのしこみを中止した翌年の1932（昭和7）年に寿屋は、会社の資金をつくるため、人気だった「スモカ」の製造販売権を売ってしまった。

*食品や薬品などがやわらかく、のり状であること。

▼ 1926（大正15）年発売の「スモカ」（左）と、「スモカ」の新聞広告（右。1927～28年ごろ）。

見学！日本の大企業 サントリー

▲「オラガビール」のほうろう看板（1930年）。

● 「オラガビール」

「サントリーウイスキー白札」を発売する前年の1928（昭和3）年、寿屋は横浜市のビール製造会社を買収した。時間のかかるウイスキーとちがって、ビールは短期間で商品ができるため、資金づくりに貢献することが期待された。1930（昭和5）年に発売した「オラガビール」は、広告に費用をかけ、価格も安くしたにもかかわらず、すでにビール産業の市場を独占していた大手3社（→p20）に勝てず、寿屋は4年後にはビール部門を売却した。サントリーが再びビールの製造にのりだすまでに、ののち数十年かかることになる。

ぶどうの栽培をはじめる

寿屋がウイスキーをさかんにしこんでいた大正から昭和にかけては、のちの第二次世界大戦（1939〜1945年）につながる不安定な時代で、海外からワイン（ぶどう酒）を輸入することがじょじょにむずかしくなっていました。そんななか寿屋は、「赤玉ポートワイン」の販売にさらに活力をあたえるための事業として、1934（昭和9）年に新潟県高田市（いまの上越市）で、また2年後には山梨県北巨摩郡（いまの甲斐市）で、それぞれ以前からのワイナリー*を受けついで原料となるワインを確保しました。とくに150haの敷地をもつ山梨県のぶどう園では、雨が多く湿度が高い日本では不可能と考えられていたヨーロッパ産の高級ワイン用ぶどうを栽培するようになりました。この地は現在、サントリー登美の丘ワイナリーとなり、日本のワインづくりの原点となっています。

戦争中にもウイスキーを生産

時代が昭和にかわって何年かたち、都会に住む人たちに洋酒がじょじょに浸透するにしたがって、寿屋のウイスキーは人気が出てきました。1937（昭和12）年に発売した「サントリーウイスキー角瓶」は、年月をかけた熟成がよい結果を生み、味わいも好評でした。しかし、日本が第二次世界大戦にくわわった1941（昭和16）年以降、状況はかわり、寿屋も軍隊の命令で発酵技術を応用した航空燃料などを製造しました。この時期に幸運だったのは、とくに海軍からの命令によくこたえたことでした。もともと日本の海軍はイギリス海軍をモデルとして編成されたため、イギリスの影響がつよく、兵士たちもスコッチウイスキー（→p13）にしたしむ機会がありました。海軍は、ウイスキーの原料となる大麦をしいれることなどでも寿屋に協力しました。1945（昭和20）年に戦争が終わる直前には、沖縄に建てた工場も、また大阪の本社も工場も、アメリカ軍の攻撃ですべて焼けてしまいました。それでも、ぎりぎりまでウイスキーづくりをつづけたことが、戦後の寿屋の発展につながりました。

*「ワイナリー」とは、ワインの醸造所のこと。

▶ 海軍用につくった「イカリ印ウイスキー」のラベル（2種）。戦争中に、敵国アメリカのことばである英語をつかうことがいましめられたため、日本語だけがつかわれている。

7 原酒がのこった！

1945（昭和20）年8月の終戦直後、国民のほとんどが敗戦のショックに打ちのめされていたとき、鳥井信治郎は動きはじめた。彼の自信をささえたのは、空襲をのがれた山崎蒸溜所に原酒が大量に貯蔵されていたことだった。

▶ GHQ[*1]とかけあう

終戦のとき66歳になっていた信治郎が、「日本はきっと復興する」との思いを胸にまずおこなったことは、連合国軍総司令部（GHQ）とかけあって、ウイスキーの事業をそのまま継続させてもらうことでした。進駐軍[*2]として戦後日本の政治や社会に大きな権力をもっていたGHQは、寿屋が貯蔵していた本格的なウイスキーの原酒を強制的に取りあげることもできたのです。信治郎は戦争に負けたくやしさは心のなかにおさえ、GHQの役人たちと積極的に交流しました。寿屋のウイスキーを飲んだアメリカの軍人たちは、国土が荒廃した日本に本格的なウイスキーがあったことにおどろきました。軍人たちに多く飲まれるようになると、評判がよすぎて製品がたりなくなるほどでした。

▲入社当時の佐治敬三。

*1 第二次世界大戦後、アメリカ政府が占領政策をおこなうために、日本に設置した機関。
*2 ほかの国に進軍し、とどまっている軍隊のこと。日本ではおもに、第二次大戦後に日本を占領したアメリカを中心とした連合国の軍隊をさす。

▶ 生産体制をたてなおす

戦後の混乱のなかで、寿屋はいちはやく再建へふみだしました。全焼した大阪工場を復旧させ、九州と関東に新工場を建設する計画をうちだしました。戦争が終わってすぐに信治郎の次男の佐治敬三[*3]が、1949（昭和24）年には三男の鳥井道夫が寿屋に入社し、信治郎をささえました。しかし工場を再建するには資材の確保もむずかしく、大阪工場は小屋のような建物からはじまりま

*3 長男の吉太郎は1940（昭和15）年に31歳でなくなった。のちに第2代社長となる佐治敬三は、養子となり、佐治を名のった。

▼戦災をのがれた山崎工場。上は麦芽乾燥塔。下は貯蔵庫（1950年ごろ）。

▼大分県臼杵に建設された臼杵工場でのびん詰め作業のようす（1956年ごろ）。

見学！ 日本の大企業 サントリー

した。アルコールの原料には、イモや、デンプンかす、草花の根までつかいました。また、ウイスキーなどをねらって山崎蒸溜所によくどろぼうが入ったのもこの時期でした。強盗があらわれて警察官たちと銃でうちあうこともありましたが、混乱のなかでも、ちゃくちゃくと復旧は進んでいきました。

「トリスウイスキー」の誕生

密造酒*1などが闇市*2に出まわっていたころの1946（昭和21）年4月、寿屋は戦時中に山崎蒸溜所にねむっていた原酒をつかった戦後第1号のウイスキー、「トリスウイスキー」を発売しました。「トリスウイスキー」は2級ウイスキー*3でしたが、寿屋では品質を下げることをしませんでした。原酒をまぜる割合を規定いっぱいまで高め、日本人に本物のウイスキーを味わってもらおうとしたのです。そのうえで、当時発売されていた他社のウイスキーとくらべて価格もできるかぎりおさえました。1949（昭和24）年に配給制度*4が廃止され、自由販売がみとめられると、さっそく、「やすい うまい！」とのキャッチフレーズで「トリスウイスキー」を宣伝しました。

*1 無認可で製造された酒のこと。すべてのアルコール酒類は政府の認可をえなければ製造・販売できない。
*2 法律で認められていないマーケット（市場）。日本では、戦後の数年間に各都市で開かれ、人びとが食糧などをもとめた違法な市場をさすことが多い。
*3 ウイスキーは1953（昭和28）年に制定された酒税法により、アルコール度数や原酒混合率のちがいで、特級、1級、2級に分類された。1989（平成元）年に酒税法が改正されて、等級表示はなくなった。
*4 戦中から戦後にかけて、食料品をはじめとした物資が不足していたため、国が家庭や工場に対し、割り当て数量を決めていた。

サントリー ミニ事典

「アンクルトリス」

1953（昭和28）年にテレビ放送が開始されて以降、民間放送で流れるテレビコマーシャルの宣伝効果の大きさが理解されてきた。寿屋では音楽番組や天気予報、プロ野球の実況中継、アメリカの西部劇などを提供*した。さらに1958（昭和33）年、「アンクルトリス」というキャラクターをコマーシャルに登場させると、「トリスウイスキー」の知名度が一気に高まった。その後、「トリスウイスキー」は「アンクルトリス」とともに、現在までつづくロングセラーとなった。

＊番組の制作費を負担すること。

▲「アンクルトリス」のキャラクターは、当時寿屋宣伝部ではたらいていた、イラストレーターの柳原良平がデザインした。

▲「やすい うまい」とうたった、「トリスウイスキー」の広告。

◀1946（昭和21）年発売当時の「トリスウイスキー」。

8 洋酒ブームと、海外展開

終戦から10年ほどたち、人びとの生活水準が高まりはじめた。
アメリカやヨーロッパから入ってくる新しい文化や西洋風の
生活方式に人びとはあこがれ、洋酒の売上ものびていった。
サントリーはこの時期に、海外事業をはじめた。

洋酒ブームをつくる

「トリスウイスキー」は品質のよさにくわえて、社会の変化の流れにのって順調に売上をのばしていきました。都会に人があつまりはじめ、アメリカなどから入ってくる新しい食品や娯楽を楽しむ生活がじょじょに浸透してきたことも、洋酒を販売する寿屋の売上に反映しました。寿屋の宣伝・広告には、そんな時代の変化を先どりするように、家庭でも洋酒を楽しもうという提案がもりこまれました。

家庭での楽しみ方のほかに、この時期に人気となったのが、「トリスバー」の愛称でしたしまれた大衆向けの酒場でした。そこは、イギリスなどヨーロッパで見られるような、手ごろな価格で洋酒を楽しめる場所でした。寿屋はこれを積極的に支援しました。東京や大阪からはじまったトリスバーは、サラリーマンが会社帰りに立ちよったり女性がひとりでも気軽に入ったりできることで人気に火がつき、最大で3万5000軒を数えるほど全国に広がっていきました。第1次洋酒ブームといわれたころでした。

▲東京・新宿のトリスバー。

『洋酒天国』が発刊

1956（昭和31）年4月、寿屋宣伝部はトリスバー向けの宣伝誌『洋酒天国』を発刊しました。宣伝部は当時、すぐれた才能をもった社員があつまり、第二次黄金時代といわれていました。宣伝部がつくった広告が多くの広告賞を受賞するだけにとどまらず、スタッフには、のちに小説家になって国民的な賞を受賞する、開高健や山口瞳などがいました。

『洋酒天国』がユニークだったのは、自社製品の宣伝をほとんどしないことで、誌面には、西洋の香水や古道具、エッセイ*、料理そのほか、さまざまな文化的な情報があふれていました。自由なふんいきのもとで発刊された雑誌は、酒の友として人気になり、創刊時の2万部が最終的には

▼洋酒を宣伝して各地をまわった、たる型の宣伝カー。

*見たり聞いたりしたこと、経験談、本の感想などを、気のむくままに書いた文章。

見学！日本の大企業 **サントリー**

▲『洋酒天国』第1号（右上）からの表紙。

24万部にまで発行部数がふえました。初代社長の鳥井信治郎も、第2代社長となる佐治敬三もこのような宣伝の活動に理解を示していたといい、宣伝を重視する会社の姿勢はさらにつよまりました。

海外事業をはじめる

寿屋の国際部門は、1955（昭和30）年に「赤玉ポートワイン」を輸出することから積極的に動きはじめました。「赤玉ポートワイン」は評判がよく、1960（昭和35）年にアメリカ・ニューヨークで開かれた国際見本市にも出品されました。さらに1961（昭和36）年にはサントリー

▼「ビーム サントリー」設立会見での佐治信忠社長（右）と「ビーム サントリー」のマット・シャトック社長（左）。2014（平成26）年5月。

ウイスキーがアメリカではじめて国内販売を承認されました。その後、ウイスキーづくりの研究や品質の向上を積みかさね、1980年代（昭和55年〜）以降は高級ウイスキーを発売。2003（平成15）年に、海外の有名なコンクールではじめて金賞を受賞しました。2014（平成26）年にはアメリカのウイスキーメーカー「ビーム社」を買収し、サントリーは世界第3位の蒸溜酒メーカーとなりました。

サントリー ミニ事典

文化活動・社会事業に取りくむ

信治郎は若いときから信仰心があつく、利益の一部を社会に還元する姿勢をずっともってきた（→p5）。第2代社長佐治敬三の時代になると、それは美術館や音楽ホールをもうけるなどして美術界・音楽界に貢献することや、バレーボール、ラグビーなどのスポーツを支援する、文化活動・社会事業につながっていった。1961（昭和36）年には、皇居の前に建つホテルの9階にサントリー美術館を開いた（現在は、港区赤坂に移転）。この美術館はさまざまな企画にそった美術品を展示することで有名になっている。現在収蔵する美術品は、国宝や重要文化財をふくめて約3000件にのぼる。

▼サントリー美術館収蔵の重要文化財「泰西王侯騎馬図屏風」（四曲一双のうち右隻）。

9 ビール事業に再挑戦

1961（昭和36）年5月、創業者の鳥井信治郎は取締役会長となり、佐治敬三が社長に就任した。その4か月後、敬三はビール業界への進出を発表した。信治郎の戦前からの思いを引きついだものだった。しかし販売は苦労の連続だった。

ビールにかける

洋酒ブーム（→p18）のなかで成長した寿屋ですが、当時専務取締役だった敬三は危機感をもっていました。業績がのびるのにあまえて、何もしなくても商品は売れるというようなふんいきが社内に出てきていました。敬三は、「社内を緊張させるためにも、難関のビール事業にあえて挑戦しよう」と考え、信治郎からも「やってみなはれ」とはげまされました。敬三は、1961（昭和36）年の社長就任から数か月後にはビール業界進出を発表。技術者をヨーロッパに派遣してビールづくりを学ばせました。創業者の信治郎はビールの発売を見ることなく、1962（昭和37）年2月になくなりました。その1年後、1963（昭和38）年3月に社名を「サントリー株式会社」に変更。これは、第2の創業ともいえるこの時期に、ビール事業に対する決意を示すとともに、商品と企業イメージを統一させるねらいがありました。翌月、いよいよ「サントリービール」が発売されました。

▲ビールづくりの第一歩として、デンマークからとどいたビール酵母をビールタンクに注入する佐治社長（右。1963年1月24日）。

きびしい壁

日本のビール市場は、第二次世界大戦以前から大手3社（キリン、アサヒ、サッポロ）がほぼ独占していたため、販売は想像以上に苦戦しました。「サントリービール」はもともと、日本のビール業界に挑戦しようとして、敬三みずからヨーロッパをまわり、最終的にデンマークのビール製造法を導入し、本場ヨーロッパの味として生産したものでした。しかしそれは日本のほかのビールとくらべると色がうすく見え、ウイスキーくさいなどといったあやまった評判もありました。何より、大手3社のビールはすでに販売実績があるため、販売店は新しいビールをなかなか取りあつかってくれませんでした。

▲サントリービールを製造する、東京・武蔵野ビール工場の竣工当時のようす（1963年）。

◀武蔵野ビール工場で、ミクロフィルターろ紙を交換するようす（1967年）。

見学！日本の大企業 **サントリー**

▲「純生」ビールキャンペーンのハッピを着て、販売する佐治社長（1981年）。

「純生」を発売

1967（昭和42）年に、サントリーは「サントリービール」につづくビールの新商品、「純生」を発売しました。「純生」は、醸造した後に殺菌のための熱処理をおこなわない、びん入り生ビール*1でした。サントリーは、NASA（アメリカ航空宇宙局）が開発したミクロフィルター*2を導入し、熱処理をせずに、酵母菌を取りのぞいた生ビールを大量生産することに成功しました。ミクロフィルターは工場全体を清潔にして雑菌をしめださないと効率がわるいため、機械の洗浄にとくに力を入れました。

「純生」は爆発的に売れ、前年のビールの売上とくらべて4倍近いのびを示しました。その後、ほかの3社もあいついで生ビールを発売しますが、サントリーは同時期にそれまで一般的だったびんビールから缶ビールへの切りかえを積極的に進めたこともあり、とくに活動的な若い人たちに受けいれられ、缶ビールの分野でつねに先行しつづけました。

*1 生ビール以外のビールは、アルコールを発酵させるのにつかう酵母や酵素のかすがのこるので、殺菌するために瞬間加熱して長期保存できるようにしていた。
*2 ビールのなかの役目をおえた酵母を取りのぞくことができる、紙のフィルター。

ビールの進化

1986（昭和61）年、サントリーは本物の味を追求して、麦芽100％（麦芽とホップ*3だけ）のビールを開発しました。日本ではそれまで、麦芽とホップの主原料に米やスターチ（でんぷん）などの副原料をくわえたビールが、人びとにこのまれてきました。開発と市場調査に何年もかけて発売したこのビールがひとつの引きがねとなって、ビール市場はその後、ビール戦争といわれるほどの、新製品の開発競争時代に突入しました。

2000年代（平成12年～）に入ってからは、プレミアムビール*4の開発が中心となっています。このビールは、2005（平成17）年から3年連続して、日本のビールとしてははじめてモンドセレクション*5の最高金賞を受賞しました。2008（平成20）年にはプレミアムビールの分野で最高の売上となり、1963（昭和38）年のビール事業開始以来はじめて、ビール部門で黒字*6を達成するのに貢献しました。

*3 アサ科の植物で、ビールににがみと香りをつけるのにもちいられる。
*4 原料や醸造方法にある種のこだわりをもって、高級さを売りものにしたビール。
*5 食品、飲料、化粧品などの商品について、ベルギー連邦公共サービスよりあたえられる賞。
*6 収入が支出を上まわること。

▼麦芽のうまみやホップの香りを最大限に引きだす、しこみ設備のようす（京都ビール工場）。

10 水と生きるサントリー

サントリーは創業以来、水にこだわってきた。事業のもととなる良質の水を確保するために、日本じゅうをさがしてまわった。その結果である「天然水」は、サントリーを代表する商品となった。いまでは、その水を守る立場としての活動をつづけている。

南アルプス[*1]のふもとに工場を

1973（昭和48）年、サントリーは山梨県白州町（いまの北杜市）に、京都の山崎蒸溜所につぐ2番目のウイスキー工場、白州蒸溜所を建設しました。そこは、南アルプスのふもとに位置する深い自然の林間工場で、周辺にすむさまざまな鳥類を保護しながら、自然環境との一体化をめざしたものでした。当時の佐治敬三社長がこの地を選んだのは、南アルプスから良質な天然水がわき出ることが大きな理由でした。ビールやウイスキーをつくるために良質の水にこだわる、創業者の鳥井信治郎から受けつがれた精神は、白州の地に新しく工場をもうけたことで、あらたな展開をむかえることになりました。

▶発売当時の「南アルプスの天然水」2Lペットボトル。

▲白州の周辺を視察する、佐治敬三社長（中央。1971年）。

▼白州工場の近くには、天然水をはぐくむ南アルプスのゆたかな自然がある。

天然水を発売する

白州工場が完成したのは、オイルショック[*2]によって、日本が高度経済成長期の終わりをむかえたころでした。その時期に佐治社長は、これまでの洋酒とビールだけでなく、食品部門を強化して柱のひとつとすることをうちだしました。1972（昭和47）年に設立された販売会社のサントリーフーズでは、オレンジ飲料やコーヒー飲料などを手がけますが、その後、白州の地の良質な水そのものを商品化することも進められました。

*1 長野県、山梨県、静岡県にまたがる赤石山脈の別名。
*2 第4次中東戦争がおこったことと関連して、イラン、イラク、クウェート、サウジアラビア、アラブ首長国連邦など、中東のアラブ諸国が、それまで約100年間安くおさえられていた石油価格をいっせいに、平均して約4倍に値上げした。

見学！日本の大企業 **サントリー**

▲南アルプスのふもとに広がる、サントリーの白州蒸溜所と、天然水白州工場。

そののち、もち運びや保管に便利なペットボトル[*1]飲料水の需要が高まるようになり、1991（平成3）年、サントリーは白州の天然水を利用した、「南アルプスの天然水」2Lペットボトルを発売。ナチュラルミネラルウォーター[*2]をうたった「南アルプスの天然水」は、品質にくわえ、大自然のめぐみであることを強調した宣伝・広告の効果もあって、先行する他社の商品を上まわるほど大ヒットしました。

100年先の水を守る

1996（平成8）年に天然水白州工場の稼働をはじめたサントリーは、同時に、500mlペットボトルを発売。翌1997（平成9）年、「南アルプスの天然水」は国内シェア[*3]トップとなりました。その後、良質の天然水を維持させるために自然環境を保護することが必要と考え、2003（平成15）年に「天然水の森」の活動をスタートします。それは、サントリーの工場の水源地にあたる森林地域の整備をして、工場でくみあげるよりも多くの地下水を生みだす森をはぐくもうというものです。この活動は、水を利用する事業をおこなう企業として、原料を確保するだけにとどまらず、社会貢献にもつながっています。2015（平成27）年現在、全国13都府県18か所合計で、東京の山手線内の面積を上まわる広さになる8000haあまりの、水源となる森を保護しています。さらに、2020年までに1万2000haの水源保護をめざすなど、50年先、100年先を見こした活動がつづけられています。

● 全国に広がる、サントリー「天然水の森」（2015年4月現在）

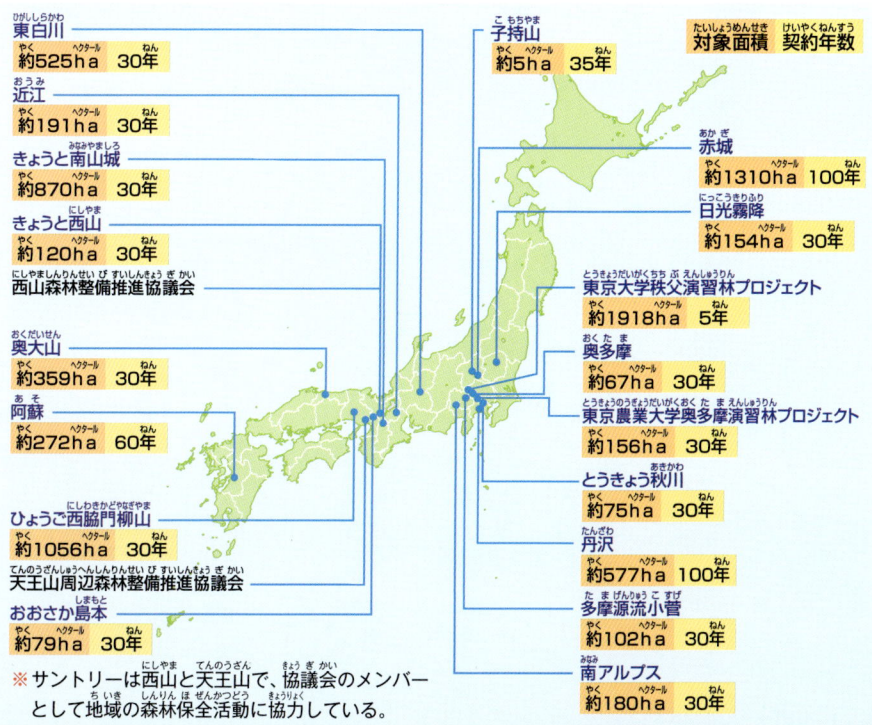

※サントリーは西山と天王山で、協議会のメンバーとして地域の森林保全活動に協力している。

*1 合成樹脂（プラスチック）の一種であるポリエチレンテレフタレート（PET）を材料としてつくられる容器。

*2 ナチュラルミネラルウォーターは、カルシウムなど、人間に必要な無機塩類（ミネラル）が地下水にとけこんでいて、ろ過や加熱殺菌の処理だけをおこなったもの。

*3 ある商品の販売が一定の地域や期間内で、どれくらいの割合を占めているかを示す率。

▼水源調査をおこなう、サントリーの水科学研究所のスタッフ。

11 サントリーの社会活動

1961（昭和36）年オープンのサントリー美術館は、社会に貢献しようという創業以来の精神を、第2代社長佐治敬三がかたちにしたものだった。社会活動の分野は美術・音楽などの芸術面から、スポーツなどさまざまな面にまでおよんでいる。

スポーツで社会づくりに貢献

サントリーは、健康な社会づくりに貢献することを目的として、企業スポーツ活動に積極的に取りくんでいます。

1973（昭和48）年に、前年のミュンヘン・オリンピックの優勝メンバーを中心として組織された男子バレーボールチームは、2年後には当時日本最高レベルの日本リーグにくわわりました。その後、バレーボールがプロ化した1994（平成6）年の第1回Vリーグで優勝しました。

自社チームとして、現在もつねに日本最高レベルで活躍するのが、ラグビー部です。1980（昭和55）年に創部したラグビー部は、日本選手権で何度も優勝し、現在もトップリーグの強豪チームとなっています。

現在のサントリーのバレーボールチーム「サントリーサンバーズ」は、社会人バレーボールの1次リーグであるV・プレミアリーグに所属して、毎年優勝をあらそっている。

音楽と文化の発展に貢献

サントリーの社会活動できわだっているのが、音楽界への支援です。創業70周年の1969（昭和44）年には鳥井音楽財団（サントリー音楽財団）を設立しました。財団のおもな活動として、洋楽の発展に貢献した日本人におくるサントリー音楽賞があります。現在も日本の洋楽分野をリードする人たちの多くが、この賞を受賞しています。音楽財団は、2009（平成21）年の創業110周

▼サントリーラグビーチーム「サンゴリアス」。2013-14年シーズンの活躍。

▲徳島県三好市「四国の秘境 山城・大歩危妖怪村」山里につたわる妖怪伝説を核にした地域づくりが、第35回サントリー地域文化賞を受賞した（2013年）。

見学！日本の大企業 サントリー

年を記念し、美術と音楽を中心とした文化活動を支援する、サントリー芸術財団へと発展しました。芸術財団では、コンサート、展覧会なども手がけています。

いっぽうで、創業80周年の1979（昭和54）年にはサントリー文化財団を設立。政治経済、芸術文化などですぐれた業績をあげた研究者などに学芸賞を授与したり、地域文化の発展に貢献した個人や団体に地域文化賞を授与したりしています。

音の宝石箱、サントリーホール

1983（昭和58）年6月に建設を発表し、1986（昭和61）年10月に完成したサントリーホールは、東京都港区赤坂という日本の中心に位置する、東京ではじめてのクラシック専用コンサートホールです。設計の基本としてあげられたのは、「ステージの演奏者を聴衆が取りかこむようにすわり、演奏者と聴衆が一体となって音楽をつくりあげる」ことでした。そこで、ステージのうしろにも階段状の客席がある、ヴィンヤード（ぶどう畑）形式が採用されました。設計を担当した建築家たちは世界じゅうの有名な音楽ホールをおとずれて、客席の配置や楽屋の位置、トイレの数まで徹底的に研究して参考にしたといいます。幸運だったのは、当時世界最高の指揮者といわれたヘルベルト・フォン・カラヤンからアドバイスをえられたことでした。カラヤンはヴィンヤード形式を推薦し、さらに「オルガンのないホールは家具のない家と同じ」といって、パイプオルガンを設置することをすすめました。

▲パイプオルガンのA（ラ）の音をひいて開館宣言をする佐治社長（当時）。

サントリーホールは完成以来、世界的に有名なオーケストラの公演が数多くおこなわれ、日本のクラシック音楽界の中心的な役割をはたしつづけています。

▼サントリーホールの大ホール全景。ステージ後方に客席とパイプオルガンが設置されている。

サントリー ミニ事典
万博に参加する

1970（昭和45）年に大阪で開かれて以降、万国博覧会や地方博覧会が何度か開かれてきた。サントリーは、大阪万博では酒類業界としてただ1社、単独のパビリオン（展示館）を出展した。サントリー館のテーマは「生命の水」。水を原料とする商品をつくるサントリーとして、地球のゆたかな水環境を守ろうとうったえるものだった。その姿勢は、1975（昭和50）年の沖縄国際海洋博覧会、1981（昭和56）年の神戸ポートアイランド博覧会、1985（昭和60）年の国際科学技術博覧会（科学万博つくば'85）、1990（平成2）年の国際花と緑の博覧会（大阪）へと受けつがれていった。

▼科学万博つくば'85において、多くの人でにぎわうサントリーのパビリオン「燦鳥館」。

12 清涼飲料のヒット商品

サントリーは、徹底的な市場調査で消費者がもとめる味をつくりだし、宣伝・広告を効果的に利用して、清涼飲料のヒット商品を数多く生みだした。飲料事業としては、20年以上、売上をのばしつづけている[1]。

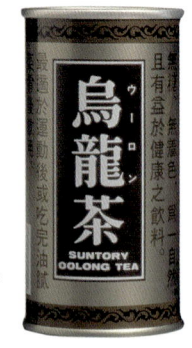

▶発売当時の「ウーロン茶」缶入り。

ウーロン茶を発売

サントリーの食品事業は、清涼飲料業界の大手ライバルに立ちむかって少しずつシェアを広げましたが、売上はなかなかのびませんでした。そんななか、1981（昭和56）年12月に発売した「ウーロン茶」缶入りが数年後に爆発的に売れたことで、ようやく黒字を出すことができました。

ウーロン茶はもともと中国で飲まれていたお茶のひとつで、緑茶と同じ茶葉を製造段階で発酵させたものです[2]。そのころまで日本ではあまりなじみのないお茶でしたが、健康によく、やせる効果がある[3]と話題になり、まず女性たちに受けいれられました。また、あまい清涼飲料が主流だった時代に、無糖飲料（あまくない飲みもの）を提案したことも、世の中の健康志向にマッチしました。その後ウーロン茶は社会に浸透し、サントリーのウーロン茶も売上で大きなシェアをたもっています。

▶中国福建省のサントリーの工場でおこなわれる、ウーロン茶の茶葉選別作業のようす。

* 1 国内飲料事業合計で、1992（平成4年）に約1億1000万ケースだった販売総数が、2013（平成25）年には4億ケースをこえた。
* 2 ウーロン茶は茶葉を発酵させるが、途中で発酵を止める。完全に発酵させ、乾燥させたものが紅茶となる。緑茶は茶葉を発酵させない。
* 3 発酵の過程で出てくる特別なポリフェノール（さまざまな植物に存在する抗酸化物質）が、脂肪の吸収をおさえたり、からだから排出したりするはたらきがあるとされる。

▼「ウーロン茶」2Lペットボトル製造のようす。

サントリーをささえる柱

清涼飲料市場は、消費者のこのみがよくかわるため、新製品が重視されます。そんななかでも、サントリーの清涼飲料には、ロングセラーとしてサントリー全体をささえる商品となったものがいくつもあります。

● 缶コーヒー「ボス（BOSS）」

1992（平成4）年発売の缶コーヒー「ボス」は、消費者がほんとうにおいしいと思うコーヒーをつくるために、通常は6～8か月間とされる開発期

見学！日本の大企業 **サントリー**

▲発売当時の「ボス・スーパーブレンド」（左）と、ボスジャン（右）。

間に20か月かけ、試作品は1000種類以上になった。サントリーはテレビコマーシャルの放映やキャンペーンなど、商品をおぼえてもらうためのさまざまな活動をおこなっているが、発売時には「ボスジャン」とよばれるジャンパーなどが話題になり、わずか4年で3000万ケースをこえる大ヒットとなった。

● 緑茶の「伊右衛門」

緑茶のペットボトル市場は、以前から最大手の会社の製品が大きなシェアをしめていたほか、あらたに参入する飲料メーカーも多く、はげしい販売競争がつづいていた。サントリーが2004（平成16）年3月に発売した「伊右衛門」は、京都の伝統的な製茶業、福寿園と共同開発し、その創業者、福井伊右衛門から名まえをとったもの。20種類以上の茶葉をつかうなど、こだわりの製造法により、初年度の販売数量が過去最多（当時）になるほどの大ヒット。あまりのヒットで、500mlペットボトルの容器製造が追いつかないほどだった。現在でも市場でシェア第2位をしめている。

▶最新の「伊右衛門」シリーズ。

● トクホ飲料

緑茶やウーロン茶、コーラ、コーヒーまでラインアップされたサントリーのトクホ飲料（→p4）は、創業当時から赤ワインやウイスキー、ビール、清涼飲料水の開発をするうえで、原料となる植物がもつポリフェノール（→p26）などの成分に注目して研

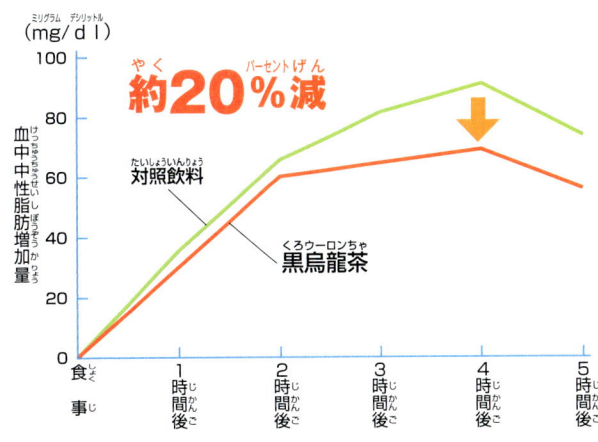

▲サントリーの黒烏龍茶を食事といっしょに飲むと、中性脂肪（人間のエネルギー源だが、皮下脂肪としてたくわえられて、肥満の原因となることがある）を約20％おさえられるというデータが出ている。

■出典：薬理と治療 32⑹ 335-342（2004）

究をつづけて、生みだされているものが多い。血圧をおさえる、脂肪を分解する、脂肪の吸収をおさえるなどの効果が望めるサントリーのトクホ飲料だが、味のよさも評判で、健康と美をもとめる人びとの期待にこたえている。

▲サントリーのおもなトクホ商品。

サントリー ミニ事典

熱中症と「グリーン ダ・カ・ラ」

2012（平成24）年に発売された「グリーン ダ・カ・ラ」は、水分やミネラル（→p23）を効率よく補給できる飲料として、厚生労働省から熱中症*対策飲料のひとつに推奨された。また日本学校保健会推奨商品にも指定されている。サントリーではこのような商品をつうじて、水分補給の大切さをうったえている。

＊高温や多湿の環境のもとでからだが適応できずにおこる状態の総称。めまい、失神、頭痛、はきけなどの症状があらわれ、死にいたることもある。

13 開発にかける思い

天然水をふくめた清涼飲料は、ライバルが多く、競争がはげしい市場だ。つねに新しいものをもとめる消費者に向けて、サントリーは、商品自体の品質にくわえて、パッケージデザインの開発などにも力をそそいでいる。

ペットボトルの進化

ナチュラルミネラルウォーター「サントリー天然水」のペットボトルは軽量化が進み、2L入りでは日本ではじめて30gを切る29.8g（2012年12月現在）を達成しています。軽量化するために樹脂のあつさをそれまでの約0.2mmから0.15mmへ25％もうすくしたことで、少ない原料で製造でき、飲みおわった後もつぶしやすくなり、環境への負荷をへらしています。

ところが、樹脂をうすくすると、どうしても耐久性が下がります。製造された「サントリー天然水」はパレット*にのせて保管されますが、ときには7段もかさねられるため、1箱（6本入り）にかかる重量は最大約72kgにもなり、それにたえる強度がもとめられました。さらに、ボトルが

＊フォークリフトで貨物を格納・運搬するための荷台。木製やアルミ製がある。

▲「サントリー天然水」の旧ボトル（左）と新ボトル（右）の「ゆびスポット」。新ボトルでは、ボトル中央のへこんだ部分に、十字のみぞがくわえられている。

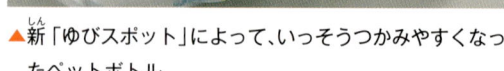

▲新「ゆびスポット」によって、いっそうつかみやすくなったペットボトル。

落下したときの変形をふせぐことなど、課題が多くありました。開発チームがこの問題を解決するためにおこなったくふうは、新「ゆびスポット」でした。ボトルをつかみやすくするために中央部をへこませた「ゆびスポット」は、以前から採用していましたが、最新のデザインではさらに十字のみぞをつけることで、耐久性をアップするのに成功しました。

進化と原点

1992（平成4）年に発売して大ヒットした缶コーヒー「ボス」（→p26）は、現在、サントリーを代表する飲料となっています。しかし、缶コーヒー飲料の分野は多くの商品がそろう激戦区であり、そのなかで人気をたもつためには、味のよさにくわえて、消費者に手にとってもらえるように缶のデザインを進化させていくことがかかせません。

「ボス」のデザインの特徴は、パイプをくわえた男性キャラクターのイラストをつかいつづけていることです。これは、「はたらく男の相棒」として位置づけた、「ボス」発売当初からのデザイナーたちのこだわりです。それでも、パイプを

▲デザインが大きくかわったり、新しさがくわわったりしたときの「ボス」。左から、2007年、2008年、2014年。

ずしたり、顔に表情をもたせたりして、少しずつ変化させてきました。2007（平成19）年に発売した「贅沢微糖」では、缶の立体デザインに挑戦しました。デザイナーたちは、時代の変化に合わせてデザインを進化させながらも、つねに原点にたちかえることをわすれずに、挑戦をつづけています。

「グリーン ダ・カ・ラ」のやさしいラベル

サントリーが2000（平成12）年に発売した初代「ダカラ」は、生活環境の変化などによって栄養バランスが乱れた現代人*1のために開発された飲料でした。この段階で類似の商品があまりなかったこともあり、「ダカラ」は発売3か月で1億本以上、2002（平成14）年には1年間で3400万ケース*2の販売を記録しました。2012（平成24）年になってから、「ダカラ」に果実やミネラルなどの素材をくわえた、「グリーン ダ・カ・ラ」を発売しました。そのラベルには、それまであまり見られなかったデザインが採用されました。ラベルには、商品にふくまれている野菜などの素材のイラストをえがき、その横に「果実 ミネラル 水分補給」と、商品の特長と機能をそのまま記載したのです。「グリーン ダ・カ・ラ」は発売後、日本学校保健会からの推奨を受ける（→p27）などして、ちゃくじつに売上をのばしています。

*1 一般的に、肥満などにつながる脂肪、塩分、カロリーをとりすぎており、必要な栄養素であるカルシウム、マグネシウム、食物繊維などが不足しているとされる。

*2 主要なペットボトル飲料は、1ケース、500ｍｌ入りペットボトル24本か、2Ｌ入り6本の、合計12Ｌで構成される。

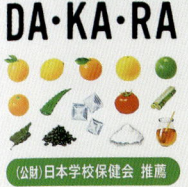

◀「グリーン ダ・カ・ラ」のパッケージ。

サントリー ミニ事典

青いバラ

酒類の原料であるぶどうや大麦などの品種改良の技術を生かし、サントリーでは1980年代（昭和60年前後）から花の研究開発をはじめた。青いバラは、英語の"Blue rose"（青いバラ）が「不可能」を意味するなど、できないものの代名詞だった。1995（平成7）年には、ほかの花から取りだした青色の遺伝子を利用して、まず青いカーネーションの開発に成功。そして2004（平成16）年、世界ではじめて青いバラの開発に成功した。夢にむかって挑戦をする人を勇気づけようと、「アプローズ」（英語で「喝采」の意味）と名づけられたバラの花ことばは、「夢かなう」とされた。その後も研究はつづき、青いキク、青いユリなどの開発にも取りくんでいる。

▶青いバラの「アプローズ」。

14 アルコールは適正に

酒類をはじめとした総合飲料メーカーのサントリーは、創業者の鳥井信治郎から引きつぐ、正しい飲酒方法の普及が社会的な使命だと考えている。広告などをつかったアルコール問題キャンペーンと同時に、独自の商品も開発してきた。

酒は百薬の長

信治郎はあるとき、自分の家庭でおさない子どもたちがいたずら半分にビールを飲んだときに、ひどくしかったことがありました。「酒が悪いのなら、どうしてそんな悪いものをつくって売るの？」といいかえした次男の敬三（のちの第2代社長）に対し、信治郎はつよく注意したといいます。酒を愛し、酒は百薬の長（→p7）と信じていたからこそ、信治郎は酒の飲み方にはマナーが必要だと考えていたのです。彼はのちに正しい酒の飲み方をつたえ、よっぱらいを追放する広告を出そうとまで考えました。飲みすぎは健康をそこね、社会生活にも影響をあたえます。サントリーは酒をあつかう企業の責任として、アルコールに関連する問題に積極的に取りくんできました。

適正飲酒をうったえる

酒は適正に楽しく飲むことがよいといわれます。それでも、急に飲みすぎて意識をうしなったり、長年飲みつづけて酒におぼれてしまったり、健康を害したりする人もあとをたちません。サントリーでは1980年代（昭和60年前後）からすでに、適正飲酒をすすめるキャンペーンをはじめました。さらに1990年代（平成2年〜）になると、飲んではいけない場合や、正しくない飲み方をいましめる主張につながっていきます。それらは、1. スポーツ時には飲酒をひかえる、2. 女性の妊娠中や授乳期間は飲酒をひかえる、3. 入浴前には飲まない、4. 飲酒運転はぜったいにやめる、5. 未成年者は飲まない、などを主張する広告となりました。

◀▼サントリーがつくった、児童・生徒用の手引き書、「お酒はどうしていけないの？」の表紙（左）と、その内容の一部（下）。未成年者が酒を飲むと、からだの成長がおくれることがあることを、うったえている（ホームページから）。

体の成長によくないお酒

10歳くらいから、大人の体に変化していきます。この時期にお酒を飲むと、体にも悪い影響が出ます。

体の成長がおくれる

お酒は、ホルモンという物質にも影響をあたえます。
ホルモンは体の中で作られ、体の機能を整えたり、成長をうながしたりするはたらきがあります。
思春期の成長期にお酒を飲むと、性に関するホルモンがうまく作られないため、男子や女子としての成長やはたらきがじゃまされることがあります。
また、この時期の飲酒は、骨の発育に悪い影響をあたえ、体の発育を遅らせることがあります。

見学！日本の大企業　サントリー

▲妊娠中に飲酒をひかえることをうったえる、2014（平成26）年のサントリーの広告。

ノンアルコール飲料を発売

　2010（平成22）年6月に、サントリーはノンアルコールビールテイスト飲料を発売しました。これは、酒ではなく炭酸飲料に分類される飲みものです。サントリーはここでも、酒類をあつかうメーカーの責任として、缶の成分表示欄に「20歳以上の飲用を想定して開発した」ことを記載しています。それは、未成年者が飲んだ場合、飲酒のきっかけになる危険性があることをつたえるためです。販売店にも、未成年者には販売しないように依頼しています。

▼ノンアルコール飲料も、スーパーなどでは酒類売場におかれている。

サントリー ミニ事典

「モデレーション・キャンペーン」

　モデレーションとは、「ほどほど」あるいは「中庸」という意味。1986（昭和61）年からサントリーが業界に先がけてはじめた「モデレーション・キャンペーン」では、新聞の全国紙に広告を掲載し、適正飲酒の大切さを定期的にうったえている。その回数はすでに160回をこえた。その広告も、サントリーならではのひねりがきいたものだ。

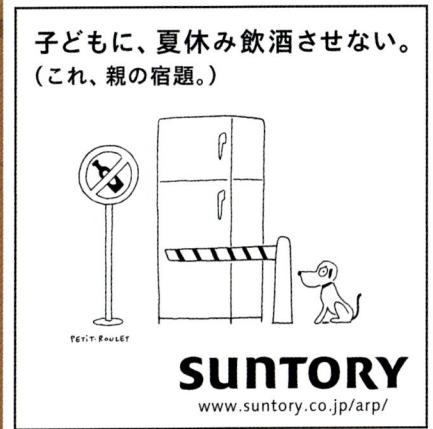

▲2011（平成23）年7月掲載の広告。コピー（広告文）は、「子どもに、夏休み飲酒させない。（これ、親の宿題。）」子どものはじめての飲酒経験は、多くの場合、親にすすめられたのがきっかけとなっていることを注意した。

▲2010（平成22）年8月掲載の広告。コピーは「酔泳禁止。」「遊泳」と「酔泳」をかけて、酒を飲んで酔って泳がないようにうながした。

31

15 未来に引きつぐ

「人と自然と響きあう」という企業理念のもとで、サントリーは商品、流通、社会貢献などすべてにおいて、健康でゆたかな生活を提案し、水や貴重な環境を未来の世代に引きつぐための活動をすすめている。

いっそう環境にやさしく

ペットボトルは、ほぼ100%PET樹脂（→p23）によってつくられています。その原料は、地球上の埋蔵量が限られている石油です。サントリーでは、水質を守るだけでなく、容器を見なおして環境への負荷をへらすことに努力してきました。現在、「サントリー天然水」550mlのペットボトル重量を国内最軽量（2013年4月末現在）となる11.3gまでへらし、それでもじゅうぶんな強度をもたせることに成功しています。さらに植物がもととなる原料を素材の30%まで使用できるようになりました。これらによって、PET樹脂の使用量を、年間約1600tもへらすことができました。現在も、さらに環境にやさしくするための努力がつづけられています。

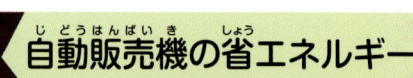
◀「サントリー天然水」550ml。

自動販売機の省エネルギー

サントリーの最新型の自動販売機は、現在、他社のものとくらべて消費電力が国内最小*となっ

▲サントリーの最新の自動販売機は、以前の型にくらべて、年間電力消費量が半分になった。

ていて、省エネルギーと環境対策に貢献しています。その秘密のひとつは、ヒートポンプ機能。冷却庫室を冷やすときに発生した熱を利用して、加温庫室で活用しています。そのほかにも、販売数量や商品温度を自動的に学習して電力消費をおさえる学習機能など、10以上の省エネルギー機能をもっています。電力消費がおさえられることで、設置先のオーナー（もち主）からも好評をもって受けいれられています。

＊サントリーフーズ株式会社調べ。

見学！日本の大企業 サントリー

▲「サントリー天然水」のふるさとでおこなわれる水育、「森と水の学校」のようす。

環境教育の「水育」

サントリーは、独自の環境教育「水育」を展開しています。水育とは、水をはぐくむ森の大切さを感じ、貴重な水資源を未来に引きつぐための活動です。

「森と水の学校」は小学校3～6年生の子どもたちと保護者を対象として、山梨県白州、鳥取県奥大山、熊本県阿蘇の3か所の、「サントリー天然水」のふるさとで開かれる自然体験プログラムです。2004（平成16）年に開校してからすでに17万5000人以上が参加しています（2014年12月現在）。

小学校4、5年生を対象とした「出張授業」で

▼「出張授業」のようす。

は、映像や実験をとおして自然のしくみや大切さを学び、未来に良質な水を引きつぐために何ができるのかを考えます。これまで首都圏と大阪地区、また天然水工場のある3県の、約1000校でおこなわれ、7万4600名以上の児童が参加しました。

子どもたちに本物の芸術を

サントリーの芸術部門のひとつの特長として、次の世代の子どもたちに本物の芸術を理解してもらうためにおこなわれる活動があげられます。

サントリーホール（→p25）では、クラシック音楽を生活のなかに取りいれて、未来の演奏家をそだてたいとの願いから、子どもたちに一流音楽家の演奏に直接ふれる機会をあたえる、さまざまなプログラムを企画しているほか、日本初の、子どものためのオーケストラ定期演奏会も開いています。

またサントリー美術館では、展覧会ごとにワークショップ＊など、体験型の活動の機会を提供したり、毎週土曜日にスライドをつかったやさしい展示解説、「フレンドリートーク」を開いたりしています。

＊参加者があるテーマのもとに、ほかの人とのまじわりを通して何かを学んだりつくったりする場や集まりのこと。

▼サントリー美術館で、2014（平成26）年に開催された「まるごといちにち こどもびじゅつかん！」での鑑賞のようす。

資料編① サントリーの歴史と商品

19世紀の終わりに創業したサントリーの歴史を、時代をけん引した商品を中心に見ていきましょう。

1899(明治32)年
鳥井信治郎、大阪で鳥井商店を開業し、ぶどう酒の製造・販売をはじめる。

1907(明治40)年
甘味ぶどう酒「赤玉ポートワイン」を発売する。

1921(大正10)年
株式会社寿屋を創立する。

1923(大正12)年
京都郊外山崎の地に、日本初の本格モルトウイスキー蒸溜所、山崎工場の建設をはじめる。

1929(昭和4)年
日本初の本格国産ウイスキー「サントリーウイスキー白札」を発売する。

1930(昭和5)年
「オラガビール」を発売する。

1931(昭和6)年
サントリーウイスキーをはじめて輸出する。

1936(昭和11)年
山梨県に日本最大の自家ぶどう園、山梨ワイナリー(いまの、登美の丘ワイナリー)を開設する。

1937(昭和12)年
「サントリーウイスキー角瓶」を発売する。

▶発売当時の「サントリーウイスキー12年もの角瓶」。

1946(昭和21)年
「トリスウイスキー」を、第二次世界大戦終了後、あらためて発売する。

1950(昭和25)年
1940(昭和15)年以降発売を見あわせていた、「サントリーウイスキーオールド」を発売する。

▶1950年発売当時の「サントリーウイスキーオールド」のボトル。

1955(昭和30)年
東京、大阪を中心にトリスバーがぞくぞくと誕生する。

1956(昭和31)年
トリスバー向けの宣伝誌『洋酒天国』を発刊する。

1961(昭和36)年
サントリー美術館を開館する。

▶サントリー美術館は、2007(平成19)年に、東京都港区赤坂の東京ミッドタウン内に移転した。
©木奥恵三

1963(昭和38)年
社名を「サントリー株式会社」に変更する。
サントリー初のビール工場である、武蔵野ビール工場を開設する。「サントリービール」を製造・発売する。

1967(昭和42)年
「サントリービール〈純生〉」を発売。翌年、〈純生〉の缶ビールを発売。

▶発売当時の〈純生〉缶ビール。

1970(昭和45)年
大阪万国博覧会サントリー館がオープン。

▶サントリー館とコンパニオンたち。

1973(昭和48)年
山梨県に白州蒸溜所を開設する。

1975(昭和50)年
山梨ワイナリーで、日本ではじめて貴腐ぶどう*を収穫する。

*完熟したぶどうに貴腐菌がついてできる、糖度の高いぶどう。

1980(昭和55)年
ペプシコーラを製造するペプコム社を買収して、アメリカの清涼飲料水市場に参入する。

1981(昭和56)年
「サントリーウーロン茶」を発売する。

1983(昭和58)年
フランスのボルドーで、ぶどう園「シャトー ラグランジュ」の経営を開始する。

▶シャトー ラグランジュ。

1984(昭和59)年

「サントリーシングルモルトウイスキー山崎」*1を発売する。
中国との合弁会社*2、中国江蘇三得利食品有限公司を設立し、中国のビール市場に参入する。

*1 2015(平成27)年に、イギリスのウイスキーのガイドブックによって、「山崎シェリーカスク 2013」が世界最高のウイスキーに選ばれた。
*2 ことなる国の企業が事業をおこなうために、共同で資本を出しあってともに経営にたずさわること。

1986(昭和61)年

麦芽100％の生ビール「モルツ」を発売する。

1989(平成元)年

創業90周年記念ウイスキー「サントリーウイスキー響」を発売する。

1990(平成2)年

シンガポールの健康食品メーカー「セレボス・パシフィック社」を買収する。

1991(平成3)年

「南アルプスの天然水」を発売する。

1992(平成4)年

缶入りコーヒー「ボス」を発売する。

1997(平成9)年

世界初の青いカーネーション「ムーンダスト」を発売する。

▶「ムーンダスト」。

1998(平成10)年

オレンジ飲料の「なっちゃん オレンジ」を発売する。その後、現在までつづくロングセラー商品のひとつとなる。

▶発売当時の「なっちゃん オレンジ」。

2000(平成12)年

「ライフパートナー ダカラ」を発売する。

2003(平成15)年

熊本の「天然水の森 阿蘇」において水源かん養(養い育てる)活動を開始する。

2004(平成16)年

バイオテクノロジー技術をもちいた、世界初の「青いバラ」の開発に成功する(→p29)。
「伊右衛門」を発売する。

2005(平成17)年

「水と生きる SUNTORY」をコーポレートメッセージとして制定する。
「ザ・プレミアム・モルツ」が第44回「モンドセレクション」のビール部門で日本初の最高金賞を受賞する(→p21)。

2006(平成18)年

特定保健用食品(トクホ)の「黒烏龍茶」を発売する。

▶サントリー「黒烏龍茶」。

2008(平成20)年

「サントリーウイスキー響30年」が国際的なウイスキーコンクールで、史上初となる3年連続の最高金賞を受賞する。

2009(平成21)年

サントリー芸術財団が設立される。
世界初の青いバラ、「アプローズ」を発売する。

▶「アプローズ」。

2010(平成22)年

ノンアルコールビールテイスト飲料「サントリー オールフリー」を発売する。

2012(平成24)年

2009(平成21)年に買収したフランスの清涼飲料水メーカーの、オレンジ果汁入り炭酸飲料ブランド「オランジーナ」を日本で発売開始する。

▶日本で発売された「オランジーナ」。

2013(平成25)年

ウーロン茶「MYTEA」をインドネシアで、「TEA＋」をベトナム、タイで発売する。
イギリスのエナジードリンク、スポーツ飲料「ルコゼード」と、果汁飲料「ライビーナ」のブランドを買収する。

2014(平成26)年

世界有数のウイスキーメーカー「ビーム社」(アメリカ)を買収して、「ビーム サントリー」を設立する。
「C.C.レモン」をベトナムで発売する。

▶ベトナムで発売された「C.C.レモン」。

資料編❷

「サントリー天然水」ができるまで

全国に3か所あるサントリーの天然水工場では、見学者のために工場を開放しています。
工場を見学し、「サントリー天然水」がつくられるようすを見てみましょう。

■3か所で天然水を製造

南アルプス白州で天然水のくみあげと製造をはじめた(→p22)サントリーは、その後も、名水がわき出る九州熊本・阿蘇山のふもとと、鳥取県・大山のふもとに工場をもうけました。天然水は現在、南アルプス白州工場、九州熊本工場、奥大山ブナの森工場の3か所で製造されています。それぞれの工場では、白州工場と同じように、周囲の広大な森林を地元の人びとと協力して保護し、100年先を見こした「天然水の森」活動をおこなっています(→p23)。

■工場の立地

天然水の工場がある3か所では、それぞれの背後にそびえる山やまにふった雨や雪が地面にしみこみ、自然のろ過装置をくぐりぬけて、天然のミネラル(→p23)をほどよくふくんだ地下水になります。それをくみあげて、ペットボトルにつめるのです。

■「サントリー天然水」の製造のながれ

1 原水のチェック

工場敷地内の採水地からくみあげた地下水を、毎日検査し、徹底的に水質をチェックします。定期的に、外部の機関でも検査をしてもらいます。

このときにおこなうのが、官能検査です。官能検査とは、検査員が食品を口にしたり鼻でにおいをかいだりして、人間の感覚器官で評価する品質検査のことです。

▲原水をチェックするようす。

●南アルプスにふった雨が白州工場でくみあげられるしくみ

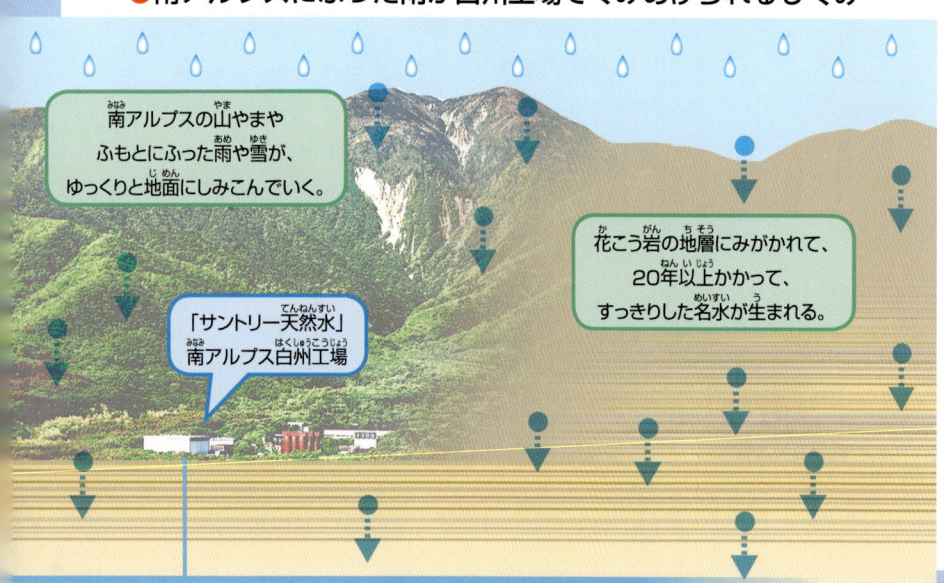

南アルプスの山やまやふもとにふった雨や雪が、ゆっくりと地面にしみこんでいく。

「サントリー天然水」南アルプス白州工場

花こう岩の地層にみがかれて、20年以上かかって、すっきりした名水が生まれる。

▲官能検査員が視覚、味覚、きゅう覚などをつかって、原水に異常がないかどうかたしかめる。

見学！日本の大企業 **サントリー 資料編**

2 ろ過と殺菌

くみあげた原水は、きめ細かいフィルターをとおしてろ過します。また、ミネラル分や味わいをそこなわないように、高温で瞬間的に殺菌します。

この段階で2回目の検査として、pH[*1]や硬度[*2]などの水の成分の検査をします。

*1 液体がアルカリ性か酸性かを示す数値。純水のpHは0。
*2 水のなかにとけているカルシウムとマグネシウムの量をmgであらわした値。普通300以上の水を硬水、100以下を軟水という。サントリーの天然水は、20～80の軟水。

▲清潔にたもたれた装置をつかってろ過と殺菌をおこなう（左）。同時にpHや硬度などの検査をおこなう（右）。

3 ボトリング

ボトリング（ペットボトルにつめる）の作業は、高度に清潔な環境にたもたれた、クリーン・チャンバー（細菌がない部屋）内でおこないます。

ここで第3回目の検査として、微生物検査をおこない、問題となるような微生物が水のなかに存在していないか、徹底的にしらべます。

▲クリーン・チャンバー内でのボトリングのようす（左）と、微生物検査のようす（右）。

4 出荷前検査

出荷の前におこなわれるのが、外観検査と放射性物質検査です。外観検査では、ボトルにきずがないか、水ににごりや沈殿がないかなどを、機械と人間の目でたしかめます。また、専門の器具を利用して放射性物質が存在していないかどうかを、定期的に検査します。

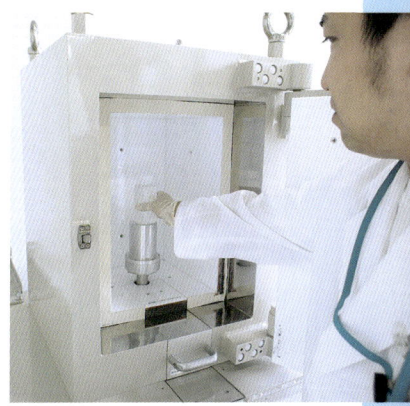

▲▶人間の目でおこなう外観検査（上）と、放射性物質検査（右）のようす。

5 出荷

きびしいチェックに合格した製品だけが出荷されます。またその製品がいつ製造され、どのように流通されているかをさかのぼってたどれるようになっています。

▶サントリー「南アルプスの天然水」、550mlペットボトル（左）と、2Lペットボトル（右）。

さくいん

ア
- 青いバラ ……………………………… 29, 35
- 赤玉楽劇座 …………………………………… 11
- 赤玉ポートワイン ……………… 8, 9, 10, 11, 12, 14, 15, 19, 34
- 赤札 ……………………………………………… 14
- アンクルトリス ……………………………… 17
- 伊右衛門 ……………………………………… 27, 35
- 井上木它 ……………………………………… 10
- ウイスキー ……………… 4, 5, 11, 12, 13, 14, 15, 16, 17, 19, 20, 22, 27, 34
- ヴィンヤード型 ……………………………… 25
- ウーロン茶 ………………………… 4, 26, 27, 34, 35
- 奥大山ブナの森工場 ………………………… 36
- オラガビール ………………………………… 15, 34
- オランジーナ ………………………………… 35

カ
- 開高健 ………………………………………… 18
- 片岡敏郎 ……………………………………… 10
- （株式会社）寿屋 ………… 8, 9, 10, 11, 12, 14, 15, 16, 17, 18, 19, 20, 34
- 缶（入り）コーヒー ……………………… 26, 28, 35
- 缶ビール ……………………………………… 21, 34
- 貴腐ぶどう …………………………………… 34
- 九州熊本工場 ………………………………… 36
- 黒烏龍茶 ……………………………………… 27, 35
- 原酒 …………………………………… 14, 16, 17
- 寿屋洋酒店 …………………………………… 7
- 小西儀助商店 ………………………………… 6, 7

サ
- （佐治）敬三 ……………… 5, 16, 19, 20, 22, 24, 30
- ザ・プレミアム・モルツ …………………… 21, 35
- サントリー1万人の第九 …………………… 5
- サントリーウイスキーオールド …………… 34
- サントリーウイスキー角瓶 ………………… 15, 34
- サントリーウイスキー白札 …………… 14, 15, 34
- サントリー オールフリー …………………… 35
- サントリー館 ……………………………… 25, 34
- サントリー芸術財団 ……………………… 25, 35
- サントリー天然水 ……………… 28, 32, 33, 36
- サントリービール ………………………… 20, 34
- サントリー美術館 ……………… 19, 24, 33, 34
- サントリー文化財団 ………………………… 24
- サントリーホール ………………………… 25, 33
- C.C.レモン …………………………………… 35
- シャトー ラグランジュ ……………………… 34
- 純生 …………………………………………… 21, 34
- 蒸溜所 ………………………………………… 12, 13, 34
- 水源 …………………………………………… 23, 35
- スコッチウイスキー ……………… 13, 14, 15
- スコットランド ……………… 12, 13, 14, 19
- スモカ ………………………………………… 14
- 清涼飲料（水） ……………… 4, 26, 27, 28, 34, 35

タ
- ダ・カ・ラ（ダカラ） ……………………… 27, 29, 35
- 竹鶴政孝 ……………………………………… 13
- 炭酸飲料 ……………………………………… 4, 35
- 適正飲酒 ……………………………………… 30, 31
- 天然水の森 ……………………… 5, 23, 35, 36
- トクホ（飲料） ……………………………… 4, 27, 35
- トップリーグ ………………………………… 24
- 鳥井音楽財団 ………………………………… 24
- 鳥井商店 ……………………………………… 7, 34
- （鳥井）信治郎 ……… 5, 6, 7, 8, 9, 10, 11, 12, 13, 14, 16, 19, 20, 22, 30, 34
- 鳥井道夫 ……………………………………… 16
- トリスウイスキー …………………… 12, 17, 18, 34

38

トリスバー	18, 34

ナ

ナチュラルミネラルウォーター	4, 23, 28
なっちゃん オレンジ	35
生ビール	5, 21, 35
ノンアルコールビールテイスト飲料	30, 35

ハ

ハイカラ	9
白州工場	22, 23, 36
白州蒸溜所	22, 34
ピート	14
ビーム サントリー	35
ビーム社	19, 35
ビール	5, 15, 20, 21, 21, 22, 27, 30, 34, 35
美人ポスター	11
百薬の長	30
Vリーグ	24
ぶどう園	15, 34, 35
ぶどう酒	5, 6, 7, 8, 9, 11, 12, 15, 34
プレミアムビール	21
ブレンド	13
フレンドリートーク	33
ペプコム社	34
ボス（BOSS）	26, 27, 28, 35
ポットスチル	13

マ

マスターブレンダー	13
松島栄美子	11
水育	33
水と生きるSUNTORY（サントリー）	5, 22, 35
密造酒	17

南アルプス	22, 35, 36
南アルプスの天然水	23, 35
ミネラル	27, 29, 36, 37
向獅子印甘味葡萄酒	7, 8
武蔵野ビール工場	34
モデレーション・キャンペーン	31
森と水の学校	33
モルツ	35

ヤ

やってみなはれ	6, 9, 11, 20
山口瞳	18
山崎（工場）	13, 14, 34
山崎蒸溜所	16, 17, 22
ゆびスポット	28
洋酒	6, 7, 8, 15, 18, 20, 22
洋酒天国	18, 34

ラ

利益三分主義	5, 7
リキュール	12

ワ

ワイナリー	15, 34
ワイン	5, 15, 27

39

■ **編さん／こどもくらぶ**
「こどもくらぶ」は、あそび・教育・福祉の分野で、こどもに関する書籍を企画・編集しているエヌ・アンド・エス企画編集室の愛称。図書館用書籍として、以下をはじめ、毎年5～10シリーズを企画・編集・DTP製作している。
『家族ってなんだろう』『きみの味方だ！ 子どもの権利条約』『できるぞ！NGO活動』『スポーツなんでも事典』『世界地図から学ぼう国際理解』『シリーズ格差を考える』『こども天文検定』『世界にはばたく日本力』『人びとをまもるのりもののしくみ』『世界をかえたインターネットの会社』（いずれもほるぷ出版）など多数。

■ **写真協力**（敬称略）
サントリーホールディングス株式会社、コニシ株式会社

■ **企画・制作・デザイン**
株式会社エヌ・アンド・エス企画
吉澤光夫

この本の情報は、2015年6月までに調べたものです。今後変更になる可能性がありますので、ご了承ください。

見学！ 日本の大企業 **サントリー**

初 版	第1刷 2015年10月25日

編さん	こどもくらぶ		
発 行	株式会社ほるぷ出版		
	〒101-0061 東京都千代田区三崎町 3-8-5		
	電話 03-3556-3991	印刷所	共同印刷株式会社
発行人	高橋信幸	製本所	株式会社ハッコー製本

NDC608　275×210mm　40P　　ISBN978-4-593-58723-0　Printed in Japan

落丁・乱丁本は、購入書店名を明記の上、小社営業部宛にお送りください。送料小社負担にて、お取り替えいたします。